奶牛为什么爱放屁

另类动物百科

[英] 安迪·锡德 文

[美] 克莱尔·阿尔蒙 图

侯蕾 译

国家开放大学出版社出版 国开童媒（北京）文化传播有限公司出品

北 京

Quarto is the authority on a wide range of topics.
Quarto educates, entertains and enriches the lives of
our readers—enthusiasts and lovers of hands-on living.
www.quartoknows.com

Text © 2019 Andy Seed

Andy Seed has asserted his moral right to be identified as the Author of this Work in accordance with the Designs and Patents Act 1988.

Design and illustration © 2019 Quarto Publishing plc

First published in 2019 by QED Publishing,an imprint of The Quarto Group.

The Old Brewery, 6 Blundell Street,London, N7 9BH, United Kingdom.

T +44 (0)20 7700 6700

F +44 (0)20 7700 8066

www.QuartoKnows.com

All rights reserved. No part of this publication may be reproduced, stored in a retrieval system, or transmitted in any form or by any means, electronic, mechanical, photocopying, recording, or otherwise, without the prior permission of the publisher, nor be otherwise circulated in any form of binding or cover other than that in which it is published and without a similar condition being imposed on the subsequent purchaser.

图书在版编目（CIP）数据

奶牛为什么爱放屁 / (英) 安迪·锡德文；(美) 克莱尔·阿尔蒙图；侯蕾译.
—— 北京：国家开放大学出版社，2020.12
ISBN 978-7-304-10473-3

Ⅰ.①奶… Ⅱ.①安…②克…③侯… Ⅲ.①自然科学 – 儿童读物 Ⅳ.①N49

中国版本图书馆CIP数据核字(2020)第137417号

版权登记号　图字：01-2020-4775

版权所有，翻版必究。

NAINIU WEISHENME AI FANGPI
奶牛为什么爱放屁

[英] 安迪·锡德 文　[美] 克莱尔·阿尔蒙 图　侯蕾 译

出品：国开童媒（北京）文化传播有限公司
出版：国家开放大学出版社
电话：营销中心 010-63290898
　　　总编室 010-63290662
地址：北京市海淀区西四环中路45号
邮编：100039
策划编辑：包鹏程 董沧琦
责任编辑：雷美琴 柳静
美术编辑：甄傲雪
责任印制：胡天蓉
印刷：鹤山雅图仕印刷有限公司
字数：80千字　版次：2020年12月第1版 2020年12月第1次印刷
开本：889mm × 1194mm 1/16　印张：4
ISBN 978-7-304-10473-3　定价：68.00元

（如有缺页或倒装，本社负责退换）

目 录

关于恶心

为什么有些动物令人恶心？ 5

丑！却依然可爱

丑陋的哺乳动物 6

丑陋的鸟儿们 8

丑陋的鱼 9

丑陋的爬行动物和两栖动物 10

丑陋的无脊椎动物 12

令人作呕！它们的行为可真奇怪

很高兴闻闻你 14

舔不舔由你 15

千万不要靠得太近！ 16

机智的死亡！ 18

不仅是废物处置 20

不讲究！啥都吃！

生鲜食品 22

你吃啥呢？！ 24

同类相食的动物 26

腐肉餐厅 28

其他好奇心满满的食客 29

饥渴！它们喜欢喝"鲜红饮料"

咬人的吸血动物 30

吸血鬼！ 32

危险的访客 34

挑剔的叮咬者 36

恐怖！活下去才最重要！

寄生虫的世界 38

不受欢迎的客人：人类的寄生虫 40

思想操控 42

晚餐时间！ 44

臭烘烘！谁才是邋遢大王？

我们爱尿尿！ 46

便便的妙用！ 48

保持距离！ 50

危险：气体攻击！ 52

古怪！简直是外星生物！

无脑的生物 54

有黏液的生物 56

住在恶心"居所"里的生物 58

更恶心、更奇怪的动物 60

你记住了多少？

小测试1 62

小测试2 63

索引

小测试答案 64

关于恶心

这颗星球上有一种动物真是恶心极了。它通常看起来很糟糕，捣起乱来很吓人，能产生令人厌恶的气味，还会发出刺耳的声音，行为粗鲁，举止小气，惹人讨厌，身上还长了很多毛和斑点。没错，这种动物就是人类！

我们快毁掉地球了，这让每一块大陆上的野生动物都生活得很艰难……但我们依然厚着脸皮给其他动物贴上"恶心"的标签。

当然，并不是每个人都有糟糕的外表或表现出恶心的行为。相信正在读这本书的人，比如你，就是一个善良的、整洁得体的、没有恶心臭味的人！但地球上确实有一些生物是非常奇怪的。

你可以自己判断哪些动物恶心，哪些动物可爱，但我相信你也会觉得这本书中的动物是迷人的。尤其是当你读到它们用自己的行为来调控自然和环境时，你会觉得它们很重要。总而言之，恶心其实是一件好事！

污染空气的飞机

喧闹的音乐声

汽车产生的噪声

抠鼻子

臭烘烘的袜子

成堆的垃圾

脏兮兮的短裤

为什么有些动物令人恶心？

有些动物的外表或者行为可能让你觉得恶心，但它们之所以成为这个样子是有原因的，为了适应环境，好让自己能够生存和繁衍！

咱们一起看看几种恶心得理所应当的动物吧。

水母

透明的身体让它不容易被捕食者看到。

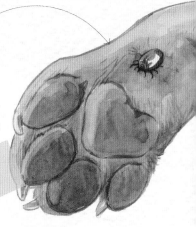

古怪

多刺的触手可以用来刺螫猎物或者驱赶饥饿的海洋生物。

长鼻猴

巨大、晃来晃去的鼻子，可以吸引伴侣和发出响亮的号叫声。

丑

大肚腩里有个复杂的胃，用来消化树叶和其他植物食材。

蜱虫

叮咬在任何从它身边路过的动物身上，这个过程悄无声息。

吸血——动物的皮肤对于蜱虫来说可是蕴藏着丰盛的食物。

饥渴

安第斯神鹫

秃顶意味着羽毛不会与血污和细菌纠缠在一起。

消化系统里有某种强酸和特别的细菌，用来消化掉腐烂的骨肉。

不讲究

令人作呕

家猫

舔舐自己的屁股来保持干净和避免生病。

在整理毛发时吞吃自己的毛，这意味着家猫有时会吐毛球——这样就不会令它的消化系统阻塞。

绦虫

在宿主肚子里吃白食。

恐怖

臭鼬

从屁股喷射出恶臭的液体来反抗捕食者。这个防御方式竟然对大型动物也见效。

臭烘烘

作为寄生虫居住在宿主身体里（寄生在宿主的身体里对它来说既安全，又有充足的食物）。

5

丑！却依然可爱

俗话说"情人眼里出西施"，这只是用一种花哨的方式来表达每个人的审美是不同的。同样每个人的审丑也不同！许多人可能觉得本章节的动物看起来丑陋到令人作呕，但是它们可能觉得自己很可爱。

丑陋的哺乳动物

象鼻海豹

这个海陆两栖巨兽的体重可达 4 吨，身长可达 6 米。在冰冷的海洋里潜水捕捉鱿鱼或鳐鱼时，它们可以屏住呼吸长达 1.5 小时。在陆地上，雄性象鼻海豹用它们巨大的牙齿互相攻击，靠获得这种战斗的胜利来争取与雌性象鼻海豹交配的机会。那个奇怪的、晃来晃去的"象鼻"帮助它发出一种深沉、沙哑的吼叫，这种叫声能吓唬它的对手。

注：象鼻海豹没有手指，四只脚都呈鳍状，所以它们只能出"布"。

狒狒

世界上有5种狒狒，它们全都不太招人喜欢。在非洲和阿拉伯地区，可以找到这些巨大的、聪明的猴子。

狒狒通常会成群生活，每群狒狒的数量多达50只。它们从不挑食，无论是农作物，还是小动物，都能成为它们的美味。我们通过它们的长脸和红屁股很容易辨认出这种动物。雌性狒狒肿胀的臀部给雄性发出一条"我可以交配"的信号。当然，发一条微信来约会肯定更容易，但这对狒狒来说确实是件难事……

你就这么喜欢用屁股和我说话吗？！

星鼻鼹

这个小型、眼盲的北美哺乳动物想必是人类公认的这个星球上最奇怪和最奇特的生物之一。它那奇怪的星状鼻子里有 25 000 个微小的触觉感受器。星鼻鼹的星状鼻不仅能感受周围的环境，还能在地下锁定猎物所在的方向。它一旦找到一条虫子或一只甲虫，就会展现出世界上"最厉害快餐手"的强悍一面——在 1/4 秒内就能把猎物吞下去！

其他不堪入目的哺乳动物

* 澳洲假吸血蝠（一种脸色苍白的蝙蝠，只是……与众不同）。
* 斯芬克斯猫（一种头部呈楔形、长着大量皱纹的无毛猫）。
* 白秃猴（一种看起来像被晒伤了的红脸猴子）。
* 高鼻羚羊（一种鼻子硕大的羚羊）。

裸鼹形鼠

它们生活在东非沙漠的地底隧道里，那里幽暗深长。这些无毛啮齿动物确实很奇怪：它们不喝水，也似乎不知道什么是疼，它们甚至吃自己的粪便！裸鼹鼠只需要很少的氧气，大概相当于大多数动物需氧量的四分之一，但它们的平均寿命却在 30 年以上。实话实说，它们确实称不上漂亮……

我妈说我长得特别好看。

因为她眼神儿不太好！

丑陋的鸟儿们

鲸头鹳（guàn）

这种鸟体形巨大（可达1.4米高），有着巨大的喙。它们活跃在东非的沼泽地。鲸头鹳捕食能力极强，它会用锋利的、咬合力惊人的嘴直接弄断猎物的头，无论是鱼、青蛙和蛇，还是鳄鱼幼崽，都是它的食物！

> 瞅啥瞅！

大林鸮（chī）

大林鸮的特点就是"大"——它有着巨大的头和巨大的眼睛，再加上宽宽的嘴，构成了这种不寻常的长相。这种搭配给了它一个像卡通形象一样的绝妙外观。到了晚上，大林鸮在美洲热带丛林里狩猎，它那怪异、哀号一般的鸣叫声带来了许多传说。白天，它会利用其羽毛的保护色把自己伪装成一截树桩。

> 赌你看不见我！

其他不可爱的鸟儿

* 疣鼻栖鸭（眼睛周围有大面积的、扇形分布的红色水滴状皮瘤）。

* 长耳垂伞鸟（一种拥有史诗般肉垂的罕见丛林居民）。

* 眼斑吐绶鸡（它的头部似乎覆盖着人类常吃的早餐麦片）。

* 非洲秃鹳（它看起来好像一直在篱笆里睡觉，脑袋和脖子都光秃秃的）。

* 丽色军舰鸟（雄鸟的脖子上长着一个奇特的红色喉囊）。

> 有尸体的腐肉可以吃，谁会在乎长得好不好看呢？

安第斯神鹫

这种巨大的食腐动物的两只翅膀展开将近3米长，它经常张开翅膀翱翔在南美洲西海岸边的安第斯山脉上空。它不需要扇动翅膀，就可以轻松地在空中滑翔超过30分钟。在飞行的过程中它会顺便搜索大型动物的尸体，如单峰驼和羊驼的腐肉。

丑陋的鱼

亚洲羊头濑（lài）鱼

你见过下巴和前额鼓起的鱼吗？这种太平洋大鱼的学名是亚洲羊头濑鱼，它最出名的技能，是能随着自己的意愿从雌性变成雄性。这种鱼雌性的个头儿很小，当然也长得不恶心，但雄性却是另一回事了。

不用下辈子，这辈子我就能再做回一个女孩子！

欧氏尖吻鲛（jiāo）

这条鲨鱼可比著名的大白鲨恐怖多了，一定会让你做更多的噩梦！这种神秘的深海食肉动物大约有3米长。它不仅稀有，而且特别奇怪。欧氏尖吻鲛有一张凸出的嘴，而且它的下巴就像装了弹簧一样能迅速伸出，让嘴咬住猎物。真是太吓人了！

水滴鱼（软隐棘杜父鱼）

这只不幸的深海小宝贝曾被评为世界上表情最忧伤的动物。它生活在澳大利亚沿海大约1 000米深的海洋中。在那里，它那缺乏肌肉的、呈果冻状的身体反而为在深海中存活赢得了优势。随着深海捕捞的泛滥，水滴鱼的数量越来越少。它可能又小又粉嫩，但是看起来确实很恶心，且它沮丧的表情真是让人心疼啊！

我也曾幸福过。

其他丑陋的鱼

* 双髻鲨（猜猜怎么着，这种鲨鱼的脑袋长得像个锤子）。
* 巨口鱼（这种鱼看起来像外星人，但它真的是地球生物）。
* 管眼鱼（它的眼睛可以从透明的头顶向外看）。
* 太平洋七鳃鳗（这种寄生鱼有一张特殊的、用来吸血的嘴）。
* 约氏黑角鮟鱇（它全身黑色，生活在海洋深处的黑暗之中，长着匕首状的尖牙）。

斑鮟鱇

斑鮟鱇外表滑稽，全身五颜六色，看起来像一只无害的热带海洋生物。不过，当它在珊瑚礁栖息地游弋时，就会狡猾地摇摆一个诱饵——这其实是它的一段脊椎，这段脊椎很奇特，看起来像一根末端挂着美味虾肉的渔竿。这个诱饵会吸引那些饥饿的鱼，一旦这些鱼游到斑鮟鱇的捕食范围，这个长满疣的猎人就会狼吞虎咽地把它们吃掉。

小鱼，到这儿来，快点儿啊！

丑陋的爬行动物和两栖动物

我和牙医在上个礼拜的会面很愉快，因为她的味道好极了！

侏儒枯叶变色龙

这种变色龙体形很小，大约只有杏仁那么大，再加上它能变得和周围环境颜色一样，所以直到 2012 年才被人们发现。它的学名是 Brookesia tristis，其中 tristis 的含义是"悲哀的"。之所以这样命名，是因为这种可怜的迷你爬行动物赖以生存的马达加斯加岛森林遭受了滥砍滥伐。如果这种情况继续下去，这个目光呆滞、脾气暴躁的小家伙可能会在地球上完全消失。

我爸的个头比你爸的个头还要小。

东部刺鳖

如果你想从水边捡起这些北美淡水龟的话可要小心了——它们会咬人！它们有不寻常的柔软外壳，边缘有小刺，还有蹼足和滑稽的管状鼻子。东部刺鳖能用皮肤吸入氧气，也就是说它们可以在水中呼吸。这可太实用了，因为它们就是生活在河流和湖泊中！

恒河鳄

这种巨大的鳄鱼用它们细长的嘴从河里捕鱼，上下颌的齿槽内武装着110颗牙齿。雄性恒河鳄可以长到6米长，并长有一个奇怪的"鼻泡"，用来呼唤配偶和吹泡泡！

嗝！

亚马孙角蛙

这是另一种长着暴躁面孔的动物，你能在南美洲的雨林里发现它。它是一种大型两栖动物，拥有一张相当于自身体长一半大小的嘴。它可以吞下任何路过的青蛙或不幸被伏击的小动物。千万不要离它太近……

负子蟾（苏里南蟾蜍）

这位南美沼泽居民不但没有舌头，还有一个奇特的扁平身体，看起来像是被河马踩了。负子蟾真正的有趣之处在于，卵在雌蟾的背上发育，这些宝宝会从它的皮肤里钻出来。恶心！

11

丑陋的无脊椎动物

澳洲芽翅螳螂

螳螂是一类大型捕猎昆虫，以吃任何它们能捕捉到的东西而闻名。澳洲芽翅螳螂生活在澳大利亚，总躲在树叶中，等着猎物上门。凸出的眼睛为它们提供了极好的视力，有力、多刺的前腿帮助它们轻松跳跃到路过的受害者身上。有些螳螂的眼睛在晚上会变色，通常是从绿色变成红色或紫色。

让我们来狩猎吧。

乳头棘蛛

它的腹部看起来像一颗有许多颜色的六角星。乳头棘蛛遍布美洲及其附近的岛屿，岛屿上有许多它们织出的大网。被蜘蛛网捕获的倒霉昆虫们，它们体内的汁液会被饥饿的乳头棘蛛吸食。

我是一颗星，名副其实的死星！

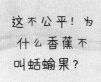

这不公平！为什么香蕉不叫蛞蝓果？

香蕉蛞蝓（kuò yú）

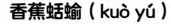

蛞蝓俗称鼻涕虫，香蕉蛞蝓是鼻涕虫中的庞然大物，它可以长到25厘米长。是的，它看起来真的很像一根香蕉！

香蕉蛞蝓栖息在北美洲，移动得非常慢，它爬行1千米要花4天时间。香蕉蛞蝓总是在寻找食物——那些死去的植物和动物粪便。

雪人蟹

这种外壳多毛的甲壳类动物直到2005年才在太平洋深处被人类发现。它很小，没有眼睛，四肢长满了叫作"刚毛"的奇怪绒毛。

这种蟹生活在喷出超高温岩浆的火山口附近。它的食物是长在自己身上的细菌……看起来这么生活也不错！

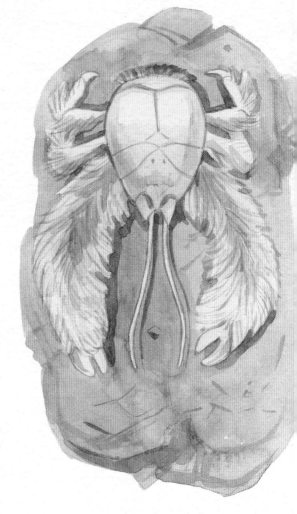

海猪

这种身体呈奇怪的粉红色、爬行起来摇摇摆摆的生物生活在离海面约5千米的海底。它们大约有一个成熟的大土豆那么大，成群结队地在海底表层穿行。它们最喜欢的零食是鲸的尸体。

其他恶心的无脊椎动物？恶不恶心你来定！

想要了解更多恶心的无脊椎动物吗？你可以上网查看这些动物，决定它们是否应该在"最丑无脊椎动物"的名人堂中占有一席之地。

* 博比特虫
* 长颈鹿象鼻虫
* 日本蜘蛛蟹
* 海蛞蝓
* 巨型马陆

你想点个冰激凌吗？今天的口味是覆盆子和河狸屁股味。

令人作呕！它们的行为可真奇怪

我们人类经常会做出一些恶心的行为，比如打嗝、放屁、吐痰和挖鼻屎等，所以人类想必是世界上最令人作呕的动物之一。有没有其他生物也这么恶心呢？下面列举了一些在自然界中发现的动物行为，它们可能让大多数人觉得恶心。但是，往往每一个行为对于"当事动物"来说都有存在的理由。

很高兴闻闻你

河狸

河狸（有时也被称为海狸）因善于筑坝而闻名，它臀部有一个特殊的腺体，能分泌出一种黄棕色的黏性物质——海狸香。河狸靠闻海狸香作为一种获取信息的方式。令人惊讶的是，海狸香闻起来像香草，曾被用来给冰激凌和布丁调味！

狗

据对狗非常了解的科学家说，在探测气味方面，狗的鼻子比人的鼻子灵敏一万倍以上。狗与狗之间的交流是通过闻彼此臀部的某个腺体释放出的特殊气味进行的，所以它们闻对方的屁股，实际上是在聊天！

今天有什么新闻吗？

吼猴

这些吵闹的灵长类动物遍布中美洲。吼猴中的雄性会在自己手上撒尿，然后涂抹在身体上。它觉得这么做能让自己更有魅力，能够吸引更多雌性吼猴与它交配。吼猴的另一个让人恶心的习性是把粪便从树上拉到打扰它的人身上。你要小心了！

可算能看
清楚了！

舔不舔由你

壁虎

　　很多动物都有眼皮，这可是一个好东西。眼皮的重要功能是保持眼睛的清洁。但请你替可怜的壁虎想一想——这些健步如飞的小蜥蜴大多没有长眼皮，它们怎么清洁眼睛呢？它们只能用舌头舔眼睛，把灰尘从眼球里弄出来。这绝对是一条惊人的长舌头——要不你也舔一下试试！

嗯，至少可以省点儿沐浴露！

美洲豹

　　美洲豹（一种大型猫科动物）经常出没于南美洲的热带森林。像所有的猫科动物一样，健壮的美洲豹用它们刚毛般的舌头梳理自己。这有助于保持它们的皮毛干净和光滑。它们还可以通过这个行为保持臀部的清洁和健康。

白尾鹿

　　你可能认为父母给婴儿换尿布，要经历一阵糟糕的日子。白尾鹿妈妈的日子就更糟了——她有时甚至需要舔小鹿的屁股帮它大便！

老鼠

　　动物在体温过高的时候各有各的降温秘诀，有些动物会舔自己的身体。老鼠会舔它们的肚子，因为唾液蒸发的同时带走了身体的热量。这个法子很聪明吧！

千万不要靠得太近！

蓝胸佛法僧

这种罕见和令人惊艳的鸟虽然在体形上只有乌鸦那么大，但是它有着鲜艳的绿松石蓝羽毛。它的雏鸟们也知道如何阻止捕食者接近自己的巢穴。蓝胸佛法僧雏鸟会吐出恶臭的橙色液体，把它覆盖在自己身上，让捕食者被自以为到手的"晚餐"熏走。恶心得很用心！

骆驼

骆驼是动物界的吐口水冠军之一。不过，骆驼吐的口水里不仅有唾液，还有些更恶心的东西！当骆驼受到威胁时，它可以呕出一部分胃里的东西到嘴里，然后把这种难闻的呕吐混合物吐向令它讨厌的人或饥饿的狼。所以，对待骆驼你可得礼貌点儿！

帝王角蜥

这种小个子的沙漠居民无法跑赢捕食者，所以它通常使用保护色作为防御手段。但如果这招不起作用，这种蜥蜴还有另一个压箱底的绝活儿。它能升高眼睛周围的血压，让眼周血管爆裂，然后从它的眼睛里喷出一股暗色的血液。这一招必须在恶心得分表上赢得高分！

这绝活儿我练过，你可别瞎学！

田鸫（dōng）

田鸫的雏鸟在还没飞离鸟巢的阶段，有时会被意图来蹭肉吃的渡鸦攻击。但田鸫爸爸和妈妈的个头实在太小了，它们无法直接与渡鸦搏斗，因此它们会飞到渡鸦的上空，用粪便轰炸它。黏糊糊的田鸫粪便粘住了渡鸦的翅膀，使它的飞行变得困难。

> 尝尝我"屎弹"的厉害吧！

科罗拉多金花虫

这是一种满身条纹的昆虫。它的幼虫以一种恶心但机智的方式将捕食者拒之门外。首先，它们会吃一种富含致命毒素的植物——欧白英。接下来，这些狡猾的虫子用自己有毒的粪便把身体包裹起来。这招很臭，但很管用！

> 你能闻到一股怪味么？

> 闻到了，那边的玫瑰臭死了。

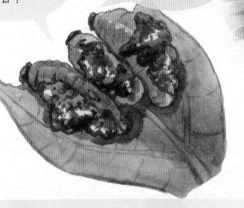

你可以上网查阅更多恶心的防御机制

* 庞巴迪甲虫会从尾部喷射出温度超高的危险化学物质。

* 倭抹香鲸向水中喷射出发臭的棕色墨水以挡住鲨鱼的视线。

* 桑氏平头蚁会突然让它的腹部爆裂，喷溅出有害的黄色黏液。

* 园睡鼠如果被袭击者抓住，会"脱掉"它们的尾巴。

海参

生活在海底的海参是这个星球上最奇怪的动物之一。尽管它们没有大脑，但它们的确有一套令人既惊讶又恶心的防御方法来抵抗捕食者。如果受到攻击，它们会压迫自己的内脏从肛门排出。这些有毒的管状内脏，甚至能直接毒死那些靠得太近的鱼。别担心，海参能很快长出新的内脏。这招棒极了！

> 这招真是"肛肛"好！

机智的死亡！

盗蛛

    死掉的东西往往让人觉得恶心。之所以会这样，是因为没有任何生命迹象的尸体很快就会腐烂，散发出难闻的气味。然后尸体会被蛆和细菌入侵，变成很多动物眼中的"毒物"。懂得利用这点求生的一个例子就是雄盗蛛，它有时会用装死来避免被雌盗蛛吃掉！

负鼠

    想象一下这样的场景：一只巨大的、饥饿的短尾猫正在寻找一顿新鲜的晚餐。忽然，它看到一只小型哺乳动物从树上飞奔而下，于是它马上把这只手无寸铁的小动物逼到了角落，对着它咆哮。但当我们的捕食者正要猛扑猎物的时候，这只小动物僵硬地躺倒了，嘴巴里吐着泡沫，身体散发着腐肉般的恶臭。短尾猫戳了它一下，嗅了嗅，厌恶地离开了。当身边没有任何危险的时候，这只小动物马上毫发无损地站起来了！这只小型哺乳动物就是负鼠。

> 天哪，我最好给它办个葬礼！

负鼠小知识

* 负鼠是生活在北美洲和南美洲的有袋动物。

* 被攻击时，它们实际上并不是在装死——它们的反应更像是晕倒了。

* 它们从臀部的腺体散发出腐烂的气味。

* 负鼠可以半闭着眼，吐着舌头，静静地躺上好几个小时。

猪鼻蛇

这种狡猾的爬行动物真是个使用恶心诡计的高手。如果捕食者靠近它，它会先发出咝咝声，然后站起来，鼓起头颈部周围的皮肤，假装自己不是个善茬。如果这个花招不起作用，它就会张大嘴巴，身体扭来扭去，发出恶臭，好像突然犯了什么致命的疾病。看到这种场面的捕食者往往会很快溜掉。

鸭子

狐狸最喜欢的晚餐莫过于一只肥嫩多汁的野鸭。但是，从鸭子被狐狸逮住，叼在嘴里的那一刻开始，它们会立刻变得毫无生气、闷不作声，狡猾地装死。狐狸以为它的猎物已经死了，便会把鸭子放到地上。然后，一旦狐狸转移视线，鸭子就会突然跳起来，拍打着翅膀飞走。一项研究显示，凡是被狐狸逮到过的鸭子，通过这种方式逃生的概率可达一半以上！

枯叶蛙

这种小型两栖动物是动物王国里拥有最好的假死术的成员之一。它们像石头一样一动不动地躺着，四肢张开，眼睛紧闭。这不是恶心，而是天赋！

不仅是废物处置

明年的生日礼物，我真心想要一把梳子！

吐毛球

家猫有时会咳出个小毛球，这是因为它们在舔舐皮毛时吞下了大量的毛发，通过这种方式把不能消化的皮毛吐出来。大型猫科动物偶尔也会这样做，但它们吐出的毛球要大得多！狮子有时会吐出一坨和小圆面包差不多大的毛球。美国的某个动物园的一只老虎曾经吐出来一个将近2千克的毛球！

我要吐了……

人类会呕吐，狗和猫会呕吐，许多野生动物也会呕吐。呕吐通常是身体的一种自然反应，为了清除一些被吞下的坏东西。但动物呕吐的动机不太一样，如海鸟会把胃里半消化的食物呕出来喂给幼鸟吃。蛇受到来自捕食者的惊吓会呕出刚吞下去的猎物。

"吐食丸"

猫头鹰和其他许多猛禽会把老鼠或其他小动物整只吞下。它们不能消化骨头、羽毛或者毛皮，所以这些部分被集中存放在一个特殊的胃里，称为"砂囊"。所有不易消化的部分被这个胃紧紧压缩成一个球，即"唾余"，最终在猫头鹰咳嗽时被吐出来。海鸥、寒鸦、乌鸦、鹳和苍鹭也会"制造"这种臭烘烘的"压缩小包裹"。

恶心小知识

* 马、兔子和老鼠不能呕吐。
* 恐龙也会呕吐！科学家在英国发现了一个距今1.6亿年前的恐龙呕吐物化石。
* 有些鲨鱼真的能把它们的内脏吐出来。它们的胃经口向外推出，然后把胃里的东西倾倒出去。
* 许多苍蝇在进餐前先喷些呕吐物在食物上。

* 鲸的呕吐物竟然价值连城！抹香鲸可以吐出一种稀有的蜡状物质——龙涎香，有时它被用来制造昂贵的香水。

尿尿警告

老虎（一种大型猫科动物）在巡视它们的狩猎领地时，会把尿液撒在岩石、树木和地面上。它们做这种气味标记是为了驱赶其他老虎。来自隔壁领地的竞争对手闻到虎尿的气味，就知道这片领土已经有主人了。包括狼、大熊猫和老鼠在内的许多动物都有用气味做标记的习性。

自从我尿在那只獾身上后，我的地盘就一直在移动。

打个滚儿

许多动物都喜欢在黏糊糊的泥里打滚儿，疣猪就是其中一种。这样做不仅可以去除它皮肤上的寄生虫，而且可以给它的身体降温，还可以防晒。狗经常在牛或狐狸的粪便以及其他臭不可闻的东西上打滚儿。但是斑鬣狗才是做这类恶心事的冠军——它们喜欢在自己的呕吐物上打滚儿。

21

不讲究！啥都吃！

人类有商店、咖啡馆、快餐店、卖零食的小吃摊……野生动物可没有这些东西，它们每天都得出去觅食。有些动物吃它们能找到的任何东西。如果它们是捕食者，那它们会在猎物逃跑之前就抓住它，然后吃掉它。这在我们看来可能很恶心，但动物做这一切都是为了维持生命！

生鲜食品

缅甸蟒

这种蛇成年后可达 4 米长。虽然它们是东南亚的本土品种，但是很多美国人把它们当宠物养（这种行为很危险，建议大家不要模仿）。有些宠物蛇或逃走，或被主人抛弃，之后就在野外自然繁殖下去。这就是为什么在佛罗里达的沼泽地里，缅甸蟒尤其多。像其他的蛇一样，它们会不加咀嚼地吞下整只猎物，比如轻松地一口吞下一头小鹿甚至一条小鳄鱼。

这里好暗呀！谁能递给我一个手电筒？

别担心！你只会少一条腿而已。

尼罗鳄

这种可怕的野兽可以长到 5 米长，它拥有地球上最强大的咬合力。尼罗鳄几乎会攻击任何进入水中的动物，包括大型斑马和角马。尼罗鳄会先把猎物拖到水下使它溺死，然后咬住受害者的身体猛烈地扭动，撕下大块的肉。以后去玩水可一定要挑对地方，不然……

非洲牛蛙

这种体形庞大的两栖动物一点儿都不挑食，而且钟爱快餐。牛蛙喜欢先用锋利的牙齿咬住猎物，再把整只猎物一口吞下去。在牛蛙的菜单上有老鼠、小鸟和蛇。

鹈鹕（tí hú）

鹈鹕通常吃鱼，但在 2010 年，曾有游客在伦敦的圣詹姆斯公园看到一只鹈鹕抓住了附近的一只鸽子并试图把它吞下去。这只可怜的小鸟在鹈鹕的喉囊里挣扎了整整 15 分钟，最后还是被吞了下去。

虎鲸

虎鲸不仅身形庞大、无比强壮，而且十分聪明，对于它的猎物来说，这是一种致命的威胁。虎鲸成群结队地在海上游荡，有时它会把海豹幼崽抓离海滩并整只吞下。他们也喜欢吃海狮、海豚、小鲸，甚至鲨鱼！

我会活下去的！

有时候，动物即使被捕食者吞了下去，但仍有机会重见天日……

*2012 年，科学家们震惊地发现一条小蛇从蟾蜍的屁股里蠕动出来。在早些时候，这条蛇已经被蟾蜍吃掉了，但它竟然顺利地通过了蟾蜍的整条消化道。

* 一些被鸟类吃掉的蜗牛会被活生生地拉出来。

* 粗皮渍螈是一种小个头但拥有剧毒的生物。它们有时会被大个头的青蛙吞掉，但青蛙在几分钟内就会中毒死去，而这时蝾螈就可以从青蛙的嘴里毫发无损地爬出来。

你吃啥呢 ?!

牛椋（liáng）鸟

美女，做个美容吗？牛椋鸟生活在非洲，栖息在斑马、牛、犀牛、河马、长颈鹿等大型哺乳动物的背上。它们靠吃停靠在大型动物身上的昆虫和寄生在它们背上的生物为生。牛椋鸟也喜欢时不时地换换口味，偷偷地吸食"雇主"的血液、黏液、头皮屑和耳屎！

胡兀鹫

胡兀鹫不仅吃腐肉，连动物尸体的骨头都吃。它们把骨头从空中抛下，摔到岩石上打碎，然后用超强的胃酸消化这些骨头碎片。

不，我打中了大卫·爱登堡！

注：大卫·爱登堡（David Attenborough），BBC 主持人，世界自然纪录片之父，善于伪装拍摄。

斑鬣（liè）狗

斑鬣狗是个不能容忍一丁点儿浪费的猎人。它们会吞食猎物的蹄子、眼睛、大脑、骨头、毛发、角，甚至牙齿。斑鬣狗也许很恶心，但它们这么做确实有助于防止疾病的传播。

科莫多巨蜥

科莫多巨蜥是一种巨大的蜥蜴，它们吃任何可以捕捉到的动物，甚至连猎物的肠子都不会放过——当然，先把肠子里的粪便抖干净。他们可不想被叫作恶心的动物！

请叫我"掏肠手"。

螨虫

说出来吓你一跳，你的脸上真的生活着一大堆生物。螨虫小到肉眼不可见，因为它们仅有1/3毫米长，再说它们躲在头发和睫毛周围的小毛孔里，这样就更不容易被看见了。螨虫靠吃我们皮肤分泌的油性物质为生，但它们通常并不伤害我们。是不是感觉有点儿痒？

大粪食客

有很多动物会吃粪便，你可以上网查阅更多有关它们的资料。

* 屎壳郎（一种甲虫）喜欢听到其他动物便便的落地声。一旦听到这种声音，它们就会去把便便埋起来，然后生活在里面。便便同时也是它们的食物。这些小小的便便巡逻员通过减少牛粪释放出的气体，为防止全球气候变暖做出了杰出的贡献。

* 豚鼠和兔子通过吃同类的粪便来再次消化吸收粪便中的营养物质。

* 黑猩猩在大便中寻找它们可以再吃一次的半消化食物。

* 大熊猫幼崽吃它们父母的粪便。

在你抱怨晚饭味道不好之前，先想想上面这些动物吧！

同类相食的动物

澳大利亚红背蜘蛛

做雌性红背蜘蛛比做雄性红背蜘蛛要好多了。首先，"她"的个头至少比"他"大10倍。其次，当这些毛骨悚然的爬虫交配后，雌性蜘蛛经常会吃掉雄性蜘蛛。专家们不知道为什么红背蜘蛛和其他蜘蛛会这样做，但有一点是肯定的，在一次约会之后，谁都不饿了！

吃点儿什么怎么样？

好主意！

她昨天肯定说过"八点来吃我"。

不不，她说的是"八点来见我"。

蠷螋（qú sōu）

蠷螋遍布世界各地。有传言说它们会爬进你的耳朵里，在你的大脑里产卵。虽然这不是真的，但是蠷螋妈妈真的非常善于照顾它们的小宝贝。可悲的是，如果蠷螋妈妈死了，幼虫们会吃掉"她"的身体！这实在是大逆不道，但只有这样，它们才能生存下来。

嗯……

爸爸你冷静一下！

狮子

狮子（一种大型猫科动物）生活的群体叫狮群，一个狮群里通常有一个"顶级硬汉"。如果一头年轻的雄狮在与一头年长的雄狮搏斗之后夺取了一个狮群，它有时会杀死并吃掉被打败雄狮的幼崽。这个嗜血的新狮王会和狮群里的雌狮交配，这样狮群中就只有它自己的孩子。这是一个残忍的世界……

章鱼

　　章鱼与蜘蛛有共同之处：这位"女士"有时会在交配后吃掉它的配偶。但"她"通常先把"他"掐死，而不是活吞了"他"。　因此雄性章鱼对交配感到紧张是可以理解的，为此它们也想出了一个办法——雄性章鱼会舍弃一条腕足来逃避伴侣的致命纠缠。嗯，这比送"她"巧克力贵重多了……

嗯，他有点儿好吃！

雪鸮（xiāo）

　　人们曾经认为这种华美的白色鸟类不会同类相食，直到野生动物摄影师抓拍到一只大个头雏鸟吞下了一只它的弟弟或妹妹。雌性雪鸮会在一个时间段内不断产卵，所以当最后一批雏鸟刚刚孵化出来的时候，第一批孵化的雏鸟已经长得很大了。大个头的雏鸟由于分到的食物总是吃不饱，就选择了吃掉弟弟或妹妹。

你们要对弟弟好点儿。

更多同类相食的动物

* 螳螂（通常雌螳螂在交配后会咬断雄螳螂的头部，然后吃掉"他"）。
* 虎纹钝口螈（这种两栖动物繁殖出的幼体，有时会在同一片池塘里互相残杀，吃掉彼此）。
* 草原犬鼠（这些"陆地松鼠"生活在北美，雌性犬鼠有时会侵入其他雌鼠的洞穴，然后吃掉对方的幼崽）。
* 北极熊（一些科学家认为气候变暖正在导致北极熊食物短缺，这让饥饿的雄性北极熊开始吞食同类的幼崽）。

哪个弟弟？

27

腐肉餐厅

呃？什么是腐肉？

腐肉是动物尸体上腐烂的肉。吃这些东西的动物被称为食腐动物，这个群体很大，其中包括：

* 秃鹫
* 乌鸦
* 熊
* 鬣狗
* 蟑螂
* 龙虾
* 鲨鱼

苍蝇

苍蝇把卵产在动物的尸体上。卵孵化成幼虫，通常被叫作蛆。这些蛆除了吃腐烂的肉，还会吃牛、羊、马等动物伤口上的肉。

六角甲虫

埋葬虫的种类很多，其中包括六角甲虫，它先埋葬鸟和老鼠的尸体，然后再以这些尸体为食。

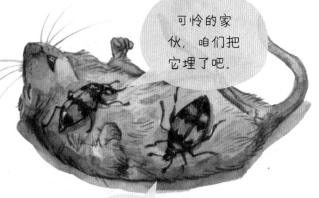

可怜的家伙，咱们把它埋了吧。

行，然后再把它吃了。

袋獾

在澳大利亚的塔斯马尼亚岛上，潜伏着世界上最大的食肉有袋动物。它以暴躁的脾气闻名，会因为争食公路上被撞死的袋鼠而和其他袋獾发生争斗。这些不讲究的食客有时会揪出动物的肠子，然后爬进尸体的空腔里，从内部咀嚼肉、骨头甚至皮毛。

快把那颗眼珠吃了，不然你就别想吃餐后布丁！

其他好奇心满满的食客

淡红墨头鱼

来吃我的脚！这些来自亚洲的小鱼会啃食人们脚上的死皮，所以常常被用于健康理疗。尽管它们实际上并不能治愈任何疾病，但还是被冠上了"鱼医生"的称号。对它们来说，死皮真是美味！

别看了，我的心又没长在脑袋里！

抛开汗臭味不说，这味道实在是棒极了！

蛇

世界上体形最大的蛇包括蟒蛇、红尾蚺（rán）和水蚺。这些巨大的爬行动物会先缠绕在猎物身上，不断挤压它。一旦感受到猎物心脏停止跳动，就会把它们整个吞下去。但是，有些人把这些蛇作为宠物养在室内，这让它们有机会吞下奇怪的东西。高尔夫球、柔软的玩具，甚至毯子都曾经在蛇的体内被发现过。

鸵鸟

鸵鸟是世界上体形最大的鸟，它们主要吃草、叶子和种子，可能还吃奇怪的花。但是这个可怜的家伙没有牙齿，没办法咀嚼食物！它的解决办法是吞下1千克的石头，让石头帮助它在三个胃中的其中一个胃里研磨食物。

饥渴！它们喜欢喝"鲜红饮料"

我们可能不喜欢小动物在我们的皮肤上爬来爬去，然后扎个洞，最后愉快地喝我们的血……但我们应该钦佩它们的勇气，毕竟它们的个头比咱们可小太多了！正因为血液富含蛋白质和维生素，是一种营养丰富的食材，它们才会为了喝上一大口血而冒险。

咬人的吸血动物

马蝇

大多数咬人的昆虫都很小，但马蝇的个头却很大。如果某种昆虫想咬穿牛、马那厚而坚硬的皮肤，它的个头必须足够大！对咱们来说不幸的是，马蝇也喜欢人类的血液。雌性马蝇的嘴上长着一副锯齿状的"刀"，这副"刀"能够轻易地割开皮肤，甚至能割开衣服！

头虱

一提到头虱，相信许多人都会感到恐惧，因为它们永远生活在人的头上，而不仅仅是为了饱餐一顿而偶尔造访。这些没有翅膀的小昆虫有 2~3 毫米长。它们用特殊的爪子抓住毛发，每天叮咬、吸食宿主的血四到五次。雌性头虱产的卵会附着在宿主的头发上。

高原蠓

这种微小而嗜血的小动物是夏季苏格兰和北欧游客的死敌。它们集结在一起，像一小片云，经常出没在水潭附近，200 米开外就可以探测到人类的呼吸。和其他咬人的昆虫一样，它们在叮咬的同时，也会分泌出一种特殊的物质来防止被咬者伤口处的血液凝结。

这个新发型真是"虱子头"啊！

猎蝽

    猎蝽是在热带国家都存在的一大类昆虫。它们有一种锋利的"喙"，用来刺穿猎物（主要是昆虫和蜘蛛）的身体。他们给受害者注射毒液，让它的内脏变成液体。然后猎蝽会吸出液体作为午餐。这种进食方式虽然粗俗，但很有效率！

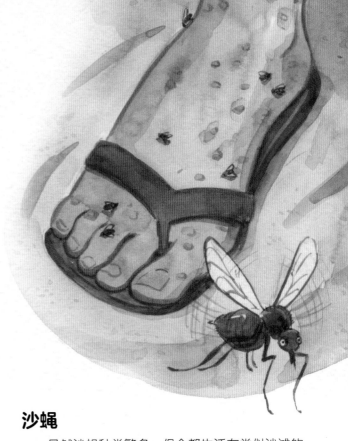

沙蝇

    虽然沙蝇种类繁多，但全都生活在类似沙滩的地方。它们热衷于在任何可能的情况下叮咬人类。在新西兰有一种很常见的小沙蝇，叫作黑蝇，它喜欢在海岸"巡逻"。被它咬伤的日光浴者和游客会觉得皮肤瘙痒，患上皮疹。科学家在受灾最严重的地区记录到每小时有超过 1 000 人被咬伤。

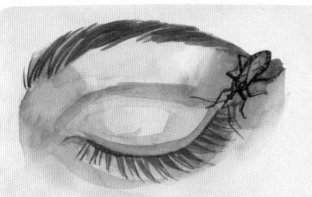

给你一个吻！

有一种猎蝽被称为"接吻虫"，因为它经常在人们睡觉时咬他们的嘴。除了嘴，它也会对人们眼睛周围的皮肤下手。它们还会用同样的方式吸狗的血。虽然它没有可怕的名字，而且由它造成的咬伤通常也并不致命，但它们这种行为确实很恶心！

咬人但不吸血的动物

* 蚂蚁   * 蛇
* 蜘蛛   * 猴子
* 老鼠   * 猪

吸血鬼！

吸血蝠

　　在南美洲和中美洲那死寂的夜色中，一种黑暗的物体从洞穴中飞出，去寻觅沉睡的鸟类和哺乳动物。它们轻轻降落，静静地走来，然后用尖锐如针的牙齿咬伤受害者。这种动物，就是吸血蝠。它们就像猫舔牛奶一样舔舐着受害者伤口上的血，而不知情的受害者依然沉浸在睡梦中。

得了吧，它真的很恶心！

　　尽管有些蝙蝠的确会吸食血液，但它们的个头很小，受害者也不会被咬得很痛。除此之外，它们是一种敬畏生命和生性善良的生物：一只吸饱血的蝙蝠会和群体里其他饥饿的蝙蝠分享它的食物（不可否认，这又是一些血淋淋的画面……）。

好香啊，我馋了！

有趣的吸血蝠小知识

一只普通吸血蝠……

* 有可以跟踪热源的鼻子，用来定位动物的血管。

* 是唯一一种会奔跑的蝙蝠。

* 进食后体重可增加一倍。

* 唾液中含有一种叫抗凝血糖蛋白的物质，可以阻止血液凝结。

* 吸食的血液从牛、猪、鸡、马、海狮、蛇等动物身上来，偶尔也吸人血！

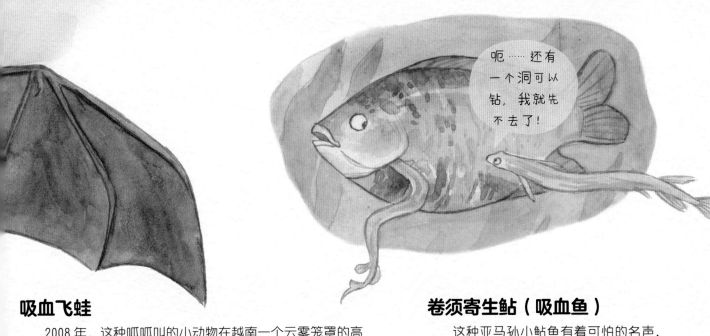

吸血飞蛙

2008 年，这种呱呱叫的小动物在越南一个云雾笼罩的高山丛林中被人类发现。为了躲避捕食者，它会把泡沫状的卵巢建在树干里。它的巢呈泡沫状。由于刚孵出的蝌蚪没有食物，它们的妈妈会在水中再产下更多的卵。当旧卵长成蝌蚪时，它们就会用弯曲的小尖牙把还没有受精的卵钩破吃掉！

注："还没有受精的卵"指无法长成蝌蚪的卵。

卷须寄生鲇（吸血鱼）

这种亚马孙小鲇鱼有着可怕的名声，因为它会钻进任何洞——比如大鱼的鳃，然后在里面喷喷地喝血。它嘴上长有特殊的短刺，可以在吸血时把自己牢牢固定住。传说这只迷你吸血鬼能游到在河里偷偷撒尿的人的尿道里！不过谢天谢地，目前还没有证据支持这一说法。

吸血地雀

这只看起来无害的小鸟帮助蓝脚鲣鸟这种大型海鸟除掉羽毛上的昆虫。然而，它有时也会啄穿鲣鸟的皮肤，偷偷地吸食鲣鸟的血液。在我们看来，这个行为很恶心，可鲣鸟好像一点儿都不介意！

危险的访客

舌蝇（采采蝇）

吸血采采蝇散布在非洲各地，当地人普遍对这种虫子充满恐惧，因为它们会传播一种叫作非洲锥虫病（又叫昏睡病）的致命疾病。它们还会叮咬动物，在动物间传播一种类似的疾病。好消息是，现在已经有治疗这类疾病的方法了。

嗯，这家伙的血有股鸡肉味儿。

蜱虫

蜱虫是一种微小的生物，它们看起来像是短腿的蜘蛛，身体呈泪滴状。蜱虫喜欢叮咬包括人在内的哺乳动物，以它们的血液为食。在吸血时，蜱虫有时会把整个头深埋在宿主的皮肤里！大多数情况下被蜱虫叮咬是没有危险的，甚至不会特别痛。但有些种类的蜱虫会传染疾病，如伤寒，这就很糟糕了。

蚊子

蚊子是一种在全世界广泛分布的小飞虫，尤其在气候炎热的国家。它们可以飞得很慢，慢到每小时不超过 4 公里。它们也许飞得不快，但这些饥饿的昆虫以惊人的数量存在着，它们也是这个星球上传播疾病最多的生物。蚊子用吸来的血帮助它的卵发育。

可怕的狂犬病

通常狐狸、浣熊和蝙蝠对人类来说并不危险，但是在某些地区它们可能携带一种可怕的疾病——狂犬病。狗和猫也可能携带狂犬病，要是感染狂犬病的动物咬了人，就可能把疾病传给人类。人类一旦感染狂犬病，及时治疗是可以痊愈的，可如果不及时治疗就会导致感染者死亡。一定要避免感染啊！

其他可能传播狂犬病的动物

* 臭鼬　　　　* 牛
* 鬣狗　　　　* 细尾獴
* 豺狼

挑剔的叮咬者

跳蚤

跳蚤想要你的血！这些小而无翅的昆虫四处乱蹦，只为找到可以叮咬的受害者。有的跳蚤叮咬鸟，有的跳蚤叮咬猫和狗，还有的甚至会叮咬犰狳（qiú yú）！当然也有叮咬人的跳蚤，它们会让人浑身瘙痒、皮肤红肿。 幸运的是，这些讨厌鬼现在已经不像过去那样常见了。呼！

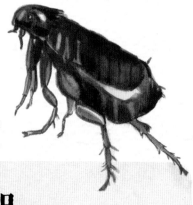

知道我为什么叫这个名字吗？因为狗见到我就会逃跑！（其实并不会……）

注：跳蚤的英文名字 Flea 也有"逃跑"的意思。

跳蚤小知识

* 跳蚤能跳起的高度，是它身长的 50 多倍。
* 相较于跳蚤的体形，它的身体可以说是无比强壮。它曾经被用来在"跳蚤马戏团"里拉微型马车娱乐观众。
* 黑死病是一种可怕瘟疫，它在 13 世纪杀死了很多人，跳蚤就是那次疾病的传播者之一。
* 跳蚤幼虫吃跳蚤成虫的粪便。

水蛭

蠕虫通常不是捕食者，但其中也有例外，比如水蛭。这些长相怪异、鼻涕虫状的"吸血鬼"曾经被放在患者的皮肤上。医生们曾认为血液过多会使人生病，而吸血的水蛭恰恰可以解决这个问题！现在依然有一些医院使用水蛭来帮助维持手术中患者身体的血液流动。

注：原文为"You suck! I certainly do."英文中"suck"除了"差劲"，还有"吸吮"的意思。

水蛭小知识

* 多种水蛭都长有锋利的牙齿。
* 被水蛭咬伤并不会那么疼，因为它们会把特殊的麻醉物质注入被咬动物的皮肤中。
* 有些水蛭可以长到 20 厘米长。
* 一只吸饱血的水蛭在几个月内都不需要再进食。

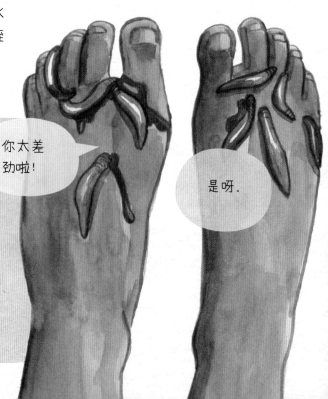

你太差劲啦！

是呀。

床虱（臭虫）

　　这些狡猾的棕色昆虫身长大约5毫米。它经常躲在床边，等着在晚上叮咬熟睡的人。尽管床虱不会传播疾病，但它们的叮咬会引起皮疹，让你觉得很痒。所以它们只是烦人鬼而不是索命鬼！它们长有可以锯开皮肤的口器，通常在人们的脸上、脖子上、手臂上享受吸血盛宴。

床虱小知识

* 在旅馆，甚至是没有仔细清洗的飞机机舱里都可以找到床虱。
* 它们经常躲在墙上的裂缝里。
* 床虱每5~7天吸一次血。
* 它们经常在皮肤上留下一道呈线状咬痕。

七鳃鳗

　　七鳃鳗是一种长着吸盘嘴和一口凶恶牙齿的鱼。它靠这种特殊的嘴和牙把自己固定在大鱼身上来吸血。受害者有时死于失血过多，有时死于伤口感染！但在你拒绝去海里游泳之前，你应该知道一个事实——这种寄生生物并不会伤害人类。

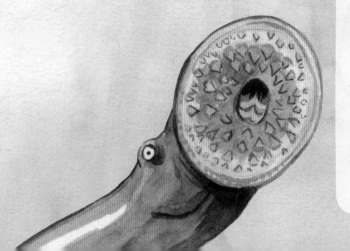

七鳃鳗小知识

* 七鳃鳗有时会附着在鲨鱼身上。
* 它们附着在受害者身上往往长达一年之久。
* 雌性一生可产多达17万个卵。
* 七鳃鳗虽然成年后在海洋里生活，但雌性七鳃鳗会游到淡水河中产卵。

恐怖！
活下去才最重要！

如果你是一个正在寻找住处的小动物，有哪里会比一个温暖又柔软，还免费提供食物的地方更好呢？这个地方听起来太完美了，这就是为什么很多生物决定依赖其他动物而活，或者干脆住在其他生物的身体里。吸食宿主的血液，偷吃宿主的食物，甚至操控宿主的行为，这些"不速之客" 最热衷于做这些事情了。

寄生虫的世界

寄生虫是一种依赖于其他生物来保证自身安全，或者生活在其他生物体内或体外，获取维持它生存、发育或者繁殖所需的营养的生物。寄生虫在个头上通常会比那些长期作为它们的"家"和"饭票"的宿主小很多。有些寄生虫对宿主无害，但另一些会杀死宿主。

很高兴认识你！咱们午饭吃什么？

豆蟹

这些超小型螃蟹只有一颗豆子大小（所以叫豆蟹）。豆蟹住在蛤蜊、蚌和蛏子等贝类的壳里，在那里它可以获得食物和保护。有些豆蟹就更恶心了，它们安家在海参的屁股里。

注：这里的"屁股"指海参的泄殖腔。

绦虫

这些又长又扁的虫子生活在马、狗、鱼、鸡和人类等动物的肠道里。它们的头上长着吸盘或者钩子，可以用来固着在宿主的肠子上，这样这些虫子可以吸收宿主摄入的食物。最长的绦虫是在鲸的肠子里被发现的，长达 25 米！

椋鸟

生活在北美的椋鸟并不想费心去筑巢，它直接将卵产在其他鸟的巢中，然后就溜走。一些鸟类会被这个鬼鬼祟祟的把戏骗了，但也有不会上当的。被骗的鸟通常会养大椋鸟的幼雏，对它们视如己出，经常给它们喂食，但并没有发现这些"小寄生虫"会偷偷把巢中的其他雏鸟推出去。真是忘恩负义！

羊蜱蝇

这些毛茸茸的小昆虫在厚厚的羊毛中钻洞，这样它可以叮咬、吸食羊的血液。这样的叮咬让羊感到烦躁，羊会找个粗糙表面去磨蹭身体，导致羊毛受损。牧民给羊泡药浴，就是为了除掉这种虫子。

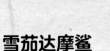

雪茄达摩鲨

别看这种鲨鱼体形小，它可是叮咬圈里的冠军。它能轻而易举地从大型鱼类身上咬掉一大块肉，海豚、鲨鱼，甚至鲸都不在话下。它长有一张特殊的吸盘状嘴和一口极为尖锐的牙，用来从受害者身上挖出个大肉块。它们连潜水艇都咬过！

不受欢迎的客人：
人类的寄生虫

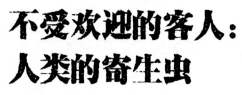

麻蝇

　　这一类的苍蝇爱吃腐肉，还会把它们的卵产在动物的尸体上。但是，它们偶尔会看上活着的动物。比如麻蝇会把卵产在它们的伤口上，其中就包括人的伤口。过不了多久，这些受害者就会发现蛆虫在它们的伤口上爬行、觅食。这就是为什么伤口结痂对人类来说是件好事！

麦地那龙线虫

　　这种线虫会引起一种令人非常痛苦的疾病。如果人类饮用的水里有它的幼虫，这些幼虫就会在人类的肠道里生长发育，长成将近80厘米长的细线虫。

　　麦地那龙线虫可以在宿主的身体里游走，在它慢慢地从一个皮肤创口钻出来之前，会使宿主感到非常疼痛。能让人松一口气的是，现在麦地那龙线虫病已经非常少见了。

我能回去一趟吗？我的帽子落在里面了。

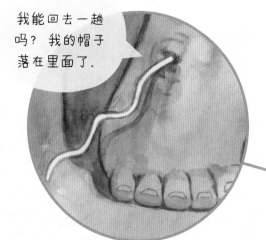

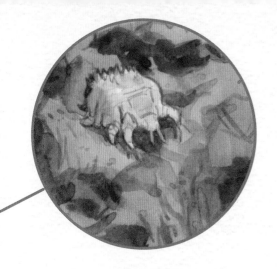

疥螨

　　这些小不点儿螨虫只有 0.25 毫米长。它最擅长在人类皮肤上钻洞、产卵，这会造成人类的皮肤长红疹和感到难忍的瘙痒。疥螨困扰着全球 2 亿多人，这种疾病很容易通过皮肤接触传播。幸运的是，无论是钻洞还是产卵，都不会给人类带来长期的伤害。

蛲（náo）虫

　　有时人类也把它叫作"棉线虫"，这些迷你寄生虫在儿童身上很常见。它在人类粪便中呈现白色细线状。这些虫子的虫卵会被孩子意外吞下而进入孩子的身体，虫卵通常来自没有洗干净的手和脏指甲。虫卵在肠道孵化后，成虫会从肛门钻出来并产下更多的卵。这会让吞下它的孩子感到屁股很痒，并在挠痒的时候在手上沾上更多的虫卵。如果你不想感染蛲虫，那就别再吃手或者啃手指甲，还要记得勤洗手哟！

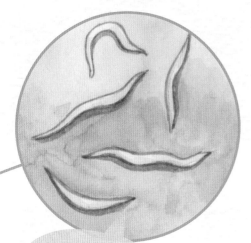

你为啥要说"恶心死啦"？我才是那个生活在屎里的好不好！

马蝇

　　这是一种你绝对不想有的寄生虫。马蝇分布于南美，长得又大又多毛，它们机智地将卵产在蚊子或者蜱虫身上。

　　当这些"吸血鬼"叮咬人类的时候，它们把马蝇的幼虫传播给人类。长着倒刺的马蝇幼虫会在人的皮肤上打洞，通常是在人的头皮上。它们在一个像外星生物的大水泡下面生活，还很难被抓出来。所幸这种事情已经极少发生了，但真是恶心到骨子里了！

想了解我更多？要不要一些提示？

体虱

　　它们看起来和它们那不受人待见的表亲头虱非常相似，这种没有翅膀的昆虫困扰着全世界的人类。如果人们一不小心穿了粘有体虱卵的衣服，这些卵孵化出被称为"若虫"的体虱幼虫，它们自打一孵出来就开始了寻找血液之旅。它们的叮咬导致皮肤瘙痒、红肿，它们还会传播一些致命的疾病。除此之外，它们还算可爱！

思想操控

铁线虫

一些寄生虫可以通过思想操控改变宿主动物的行为，铁线虫就有这种诡异的能力。它的幼虫被蟋蟀吃下肚，进入蟋蟀的体内。之后它们在蟋蟀体内可以长到 30 厘米长。但是当铁线虫想要繁殖的时候，它会释放独特的神经化学物质，让蟋蟀去自杀——跳进水塘或河流把自己淹死。之后，铁线虫在蟋蟀身体上钻个洞，让自己可以游出去交配。这招聪明极了，尽管很血腥……

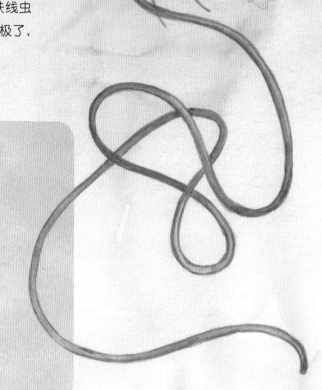

感觉好多了。比起打板球，我更喜欢游泳。

铁线虫是如何进入蟋蟀体内的？

* 成年铁线虫在河流或水塘里产卵。

* 卵孵化出幼虫。

* 这些幼虫被生活在水中的苍蝇和其他昆虫幼虫吃掉，之后生活在它们的身体里。

* 年轻的成年昆虫被蟋蟀捕食，将铁线虫幼虫传播给蟋蟀。

瓢虫的寄生虫

有一些蜂是瓢虫的寄生虫，比如黄蜂和胡蜂，它们都有着一股邪恶的力量：把受害者变成僵尸！雌性寄生蜂偷偷落在瓢虫身上，把一颗卵产在瓢虫的腹部。这颗卵孵化后，寄生蜂幼虫咬穿并钻进这只可怜的瓢虫身体，然后在里面吐丝作茧，把这只无助的瓢虫固定在一株植物上。这只瓢虫僵尸完美地护卫寄生蜂的幼虫生长，因为瓢虫明亮的颜色会警告捕食者：这是有毒的。一周后，一只新寄生蜂从抽搐不已的瓢虫身上飞出去。

快点儿，我的尿要撒出来了！

扁虫

这种微小的寄生虫虽然不会对它的蛙类宿主进行思想操控，但是能让宿主长成怪模怪样！体内寄生了这个小虫子的两栖动物要么会多长出一条腿，要么一条腿也不长。长着畸形腿的蛙类很难移动身体，因此其很容易成为鹭或其他食肉鸟类的猎物。

扁头泥蜂

扁头泥蜂（下图1）主要分布在热带地区，它的身体总是闪着绿色的光芒。扁头泥蜂会主动找一个个头大得多的蟑螂搏斗，伺机蜇它，把一种控制思想的化学物质注射进蟑螂的脑子（下图2）。现在这只蟑螂已经变成了扁头泥蜂的奴隶！在用石头把被麻醉的蟑螂埋起来之前，扁头泥蜂会把一颗卵固定在这个受害者的某条腿上。当卵孵化后，孵出的幼体会啃食蟑螂，直到它长成一只新的成蜂，然后把蟑螂的身体撑裂，最终从蟑螂的身体里飞出去（下图3）。真够恶心的！！

令蛙类变异的扁虫是如何生存的

* 扁虫把极微小的卵产在一只路过的蜗牛身上。
* 扁虫幼体孵化后钻入蜗牛体内生长发育。
* 蜗牛会把扁虫幼体释放在水塘和小水流里，扁虫幼体很容易被水中的蝌蚪吃掉。
* 当蝌蚪发育成蛙时，它们体内的寄生虫会导致这些蛙的腿部畸形。
* 畸形的蛙类被大型鸟类吃掉。这些寄生虫随后在鸟类的身体里繁殖，再让它们的卵随着鸟类的粪便排出去，这样就可以再感染更多的蜗牛了……

你一定会听我的话！

扁头泥蜂"大战"蟑螂

1

2

3

晚餐时间！

寄生蜂

很多膜翅目的蜂种会把它们的卵产在毛毛虫的身体里或表面上。有些品种一次可以把 70 颗卵产在同一只可怜的毛毛虫身上，而这些毛毛虫会被饥饿的寄生蜂幼虫从身体内部活活吃掉。最终新的寄生蜂一只只从它们那已经干瘪的宿主身体里钻出来。毛毛虫永远变不成蝴蝶了，这可真令人感到悲哀。

你会变成孩子们的食物，抱歉啦！

寄生蜂小知识

* 它们很常见，仅仅在英国就有超过 6 000 个品种。

* 这些狡诈的寄生蜂会把它们的卵产在蚂蚁、苍蝇、飞蛾、蜘蛛、蝴蝶和叶蝉等昆虫身上。

* 某些寄生蜂品种的幼虫没有长肛门，因为它们的粪便会污染它们宿主的身体。为了保证"食物"清洁，它们就把屎一直存在自己身体里。

* 某些寄生蜂会把它们的卵产在其他寄生蜂身上。

注：原文为"You'll be grub for my grubs."在英文中，"grub"既有"幼虫"的意思，也有"食物"的意思。

盲鳗

这种身体细长，浑身裹着黏液的深海"鱼"叫作盲鳗，它们作为寄生生物有着恐怖的名声。它们会钻进鳕鱼、大比目鱼等大型鱼类的身体里。在宿主四处游动时，盲鳗在宿主内部啃食它们的肉！曾经有人从一只体形较大的灰鲭鲨身体里发现了两只盲鳗。胆子再大的人都会被吓倒吧！

注：盲鳗并不算是鱼类，而是一种古代海蛇类的后代。

蚤蝇

　　蚤蝇是一种小不点儿昆虫，有一些品种还没有1毫米长。它们对蚂蚁做出"砍脑袋"的行为既奇怪，又恶心。蚤蝇卑鄙的寄生策略从在蚂蚁身体里产下一颗卵开始。小小的幼虫从孵化出来就一直啃食蚂蚁的身体，一直啃到蚂蚁的脑袋，最后会贪婪地吃掉蚂蚁的脑。此时，蚂蚁的脑袋就会掉下来，而"杀手"就可以待在受害者的脑袋里，直到长至成虫，并最终从蚂蚁那空空的脑袋里钻出来。

螳蛉（líng）

　　螳蛉是一种外形长得和螳螂相似的昆虫。它们之中有一些品种对蜘蛛情有独钟。它们的幼虫以蜘蛛为食，然后钻入蜘蛛的卵囊并把蜘蛛卵内的物质吸得一干二净。

食舌海虱（缩头鱼虱）

　　食舌海虱是地球上最怪、最恶心的动物之一。这种小型海洋甲壳动物会偷偷地从鱼类的鳃进入它们的身体，然后阻断鱼类舌头的供血。当宿主的舌头因为缺血而掉下来时，缩头鱼虱就会占据原本宿主舌头的位置，吸食它的血。无助的宿主现在长了一条海虱舌头。

我懂，我帅气极了是不是？

我们爱尿尿!

马鹿

雄性马鹿会用一个诡异的举动来吸引它的交配对象。它会找到一个浅浅的小土坑，然后朝坑里撒尿，最后在它自己制造的这黏糊糊、臭烘烘的混合物里翻滚。神奇的是，这竟然管用！因为它们的尿液里含有一种叫"信息素"的强效化学物质，雌性马鹿会被这个物质的气味所吸引。

撒尿大王小知识

长须鲸平均每天会排出约970升的尿。这可以灌满大约5个澡盆！

臭烘烘!
谁才是邋遢大王?

有些气味真的太恶心了，而野生动物可以用各种奇怪的方式来制造这些气味。它们会使用独特的臭腺制造出散发臭味的油性黏液，四处喷射难闻的尿液，排出泛着胃里臭味的嗝或呕吐物，拉出成堆的臭便便。大自然里充满着难闻的气味，但是动物们制造这些恶臭总是有原因的！

松鼠猴

松鼠猴是一种小型树栖灵长类动物，你能在南美洲和中美洲发现它的身影。和其他猴子相似，它们有一种非常有趣的相互沟通方式——尿浴。松鼠猴会把尿撒在自己手上和脚上，然后把尿液涂抹在自己全身。除了沟通，尿浴也可能是为了让它们在炎热的雨林里保持体感凉爽。

长颈鹿

"亲爱的，你想来点儿喝的吗？"长颈鹿并不是臭烘烘的动物，但是它们确实有一个让人觉得恶心的习惯——哪怕它这么做情有可原。就像所有动物一样，长颈鹿需要交配，但是雌性长颈鹿只能在某一段时间内成功地和雄性交配。为了检验长颈鹿女士是否准备好交配，长颈鹿先生会低下它的头，伸出舌头，尝一尝长颈鹿女士的尿。

嗯……就这一种口味吗？

豪猪

豪猪擅于爬树，有时雄性豪猪会通过从树枝上向雌性豪猪尿尿的行为，发送出豪猪先生已经准备好交配的信息。豪猪姑娘，你最好不要向上看！

你收到我的信息没有？

收到了，但是下次请你用写的就好！

驼鹿

庞大的雄性驼鹿会通过制造很多噪声和快速淋个尿浴为繁殖季节做准备。没错，雄性驼鹿会把尿撒在自己身上，甚至会低下头，直接喷一些尿液在自己脸上。恶心死了！

啊！好帅……

北极麝牛

臭味之王在此！雄性麝牛是世界上气味最难闻的动物之一。它们生活在北极圈内最北方的区域，体形庞大，全身覆盖着厚厚的毛。"臭味之王"的尿液里有一种带有"麝香味"的化学物质，这种物质散发的味道能够吸引雌性麝牛。雄性麝牛把尿液喷在它自己又长又厚的毛发上，直到它的毛被弄得潮湿脏乱又奇臭无比。如果你有机会遇到它，记得躲远点儿！

便便的妙用！

帽带企鹅

这些生活在遥远南极的企鹅在便便的利用方面非常机智。当它们的雏鸟从蛋壳里出来后，亲鸟必须要保护它们不受捕食者伤害，因此亲鸟会尽量不离开它们的巢。但是帽带企鹅不想让它们的孩子被臭烘烘的粪便包围，所以当企鹅需要便便时，它们会把屁股冲着巢外，使劲儿把便便射向远方。对的，帽带企鹅可以发射便便！

注：鸟类在孵化和育雏期间，相对于幼鸟，双亲被称为"亲鸟"。

米诺陶甲虫

这些机智的米诺陶甲虫使用臭烘烘的便便作为托儿所！它们花很多时间去寻找羊或兔子的便便。当它们找到了心仪的便便，就把这坨便便埋起来，然后雌性米诺陶甲虫会把卵产在里面。这样一来，幼虫从一开始就被便便保护着，而且还有东西可以吃！超值！

袋熊

袋熊的便便在动物界真是独一无二的存在：它是个立方体。科学家认为之所以袋熊会拉出这样的立方体便便，是为了方便它们在地上标记领地，因为便便不容易滚走。你绝对不会想玩这些"砖块"的！

蓝鲸

作为世界上体形最大的生物，蓝鲸不仅拉得很多，而且它的粪便非常臭。它们拉出的这些橙色、絮羽状的粪便可以散布到十米开外的范围。但是这些漂浮在海面上的粪便"云团"对于海洋生物维持生命是非常重要的。

蓝鲸粪便养活了微小的海洋浮游生物，这些浮游生物是磷虾的食物，最后磷虾成为鲸鱼这类大型海洋生物的盘中餐。可以说鲸实际上在用它的粪便"生产"自己的食物。这可太聪明了！

白蚁

白蚁是一种住在大型巢穴中的小昆虫。有些种类的白蚁吃木头，当它们便便时，它们把成坨的废弃物作为一种建筑自己巢穴的材料。是的，它们搭建的巢穴臭臭的！

你还觉得你爸爸的脚臭吗……

非洲秃鹳

非洲秃鹳会故意把便便拉在自己的腿和脚上。它们为什么会这么做呢？原来这会帮助它们在炎热的天气状况下为自己降温。鸟类是不会出汗的，所以某些种类的鸟会利用这种"有味"的方法降温。

保持距离！

戴胜

戴胜这种鸟生活在欧洲和亚洲。如果你见到一个戴胜巢，千万不要离它太近。首先，雌性戴胜会用一种闻起来有腐肉臭味的液体涂满全身。然而这对它来说还不够恶心，戴胜的雏鸟可以对着入侵者喷射液体状粪便。没错，它们用"便便枪"武装自己！

臭獾

生活在苏门答腊的老虎无所畏惧，除了袋獾。袋獾不是獾，即使它和獾一样体形较小。它的屁股里装满了生化武器级别的臭气。一旦臭獾受到威胁，它可以从特殊的肛门腺喷射出恶臭的黄色液体。这液体功效太强大，散发的气味令人作呕，甚至连最强大的捕食者也要躲着臭獾走。

注意臭獾那更臭的表亲：臭鼬

* 臭鼬生活在北美洲，同样以它臭臭的防御手段名扬天下……

先生，免费的香水要点儿吗？

* 臭鼬可以把一种有害的化学物质喷射 3 米多远。
* 这种化学物质的气味有时被形容为一种混杂着臭鸡蛋味、尿味和橡胶燃烧散发出来的味道的特殊气味。
* 臭鼬的喷射物能够被点燃。
* 想去掉这个气味非常难。

山蚰虫可以喷射能让鸟类失明的化学物质

带马陆会制造有臭味的毒液

马陆

马陆这种小怪物有着几乎数不清的腿（某个品种竟然有750条腿）。它们是各种捕食者的盘中餐，这些捕食者包括鸟类、蜥蜴和一些大型昆虫。大部分马陆在防御的时候会卷成一个球，但有些马陆会喷射出有毒且恶臭的喷雾来伤害攻击者的眼睛和皮肤。

暴风鹱（hù）

暴风鹱是一种把巢建在悬崖峭壁或者岛屿上的鸟。它们那胖嘟嘟的鸟宝宝在某些捕食者眼里是一款不错的小点心。为了应对这种偷吃，雏鸟会冲着靠近的捕食者呕吐自己的胃油，捕食者就会被臭烘烘的呕吐物淋满全身。小暴风鹱可是精准的"呕吐者"，从孵化出来的第一天就可以瞄准、发射呕吐物！这听起来也许是挺恶心的，但对于这种鸟类来说，这是一项救命的技能。太奇妙了是不是！

红头美洲鹫

红头美洲鹫有一个压箱底的恶心把戏——一旦受到攻击，它就会吐出极其难闻、半消化的肉，这种恶心的呕吐物还被强烈的胃酸包裹着。这种臭气熏天的场景让捕食者知难而退，不得不放弃这顿晚餐……

51

危险：气体攻击！

奶牛

　　奶牛除了站在一片草地上咀嚼牧草外，好像什么事都不做。但它们经常会明目张胆地打嗝、放屁（因为在消化粮草的过程中，它们的体内会产生大量气体）。一个坏消息是，牛排出的气体占所有温室气体的10%，对全球变暖产生了影响。在牛排出的气体中，有一种易爆气体叫甲烷。2014年，在德国某地发生过因为牛放屁释放的甲烷太多而引发爆炸的事故，整个牛舍的房顶都被炸毁了！

海狮

　　据美国圣地亚哥动物园的饲养组长说，海狮屁是世界上最臭的屁之一。海狮以鱼和软体动物（如鱿鱼）为食，因此它们的屁在臭味和腥味两个维度都登峰造极。更恶心的是，海狮放屁的时候才不在乎谁在它们周围呢。还不快躲开它！

为什么从没有人邀请我去参加他们的婚礼？

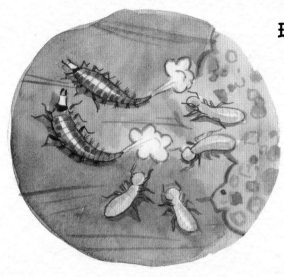

珠状草蛉

珠状草蛉是一种拥有"夺命屁"的昆虫，它的屁安静但致命！它会把卵产在白蚁的巢穴里。它的幼虫一旦孵化出来就以白蚁为食。

草蛉幼虫用"夺命屁"捕捉白蚁！科学家发现这些致命的幼虫摇摆着它们的尾部，用屁把白蚁熏晕再吃掉它。草蛉幼虫之所以这么做，是因为它的"夺命屁"里含有可以直接放倒猎物的有毒化学物质。这个手段真肮脏！

河马

永远都不要站在河马的后方。首先，考虑到河马的体重可达 1.5 吨以上，它一旦坐在你身上可就是件令你绝望的事情了。抛开这点，河马的臀部总会黏着一些恶心的东西。它会经常放像雷一样响的屁，并常伴有喷涌而出的液体粪便。河马会一边甩动它的小尾巴，一边把粪便溅向四面八方。如果你碰到这种情况，可一定要跑开啊！

放屁小知识

不能放屁的动物
* 鸟
* 树懒
* 金鱼
* 海葵
* 蛤蜊

大响屁冠军争夺者
* 马
* 犀牛
* 大象
* 斑马
* 鲸
* 白蚁

海牛

海牛是大型海洋哺乳动物，看起来像是充气过头的海豹。但和海豹不同，它们不吃鱼，只吃草。

这些海洋中的"牛"通过放屁来控制它们游泳的方向。憋住一个屁可以让它们获得浮力从而漂在水中，而再放一个屁则帮助它们下潜。多么神奇的屁啊！

古怪！
简直是外星生物！

大自然拥有惊人的多样性。在我们的星球上可以找到上百万种不同的动物。它们有的很大，有的很小，有的危险，有的可爱……还有的确实非常怪异。我们来认识几种奇怪的生物，感受一下它们的恶心之处吧。

无脑的生物

水母

水母是海洋中一种古怪的动物。它没有头，没有脑子，没有心脏，没有血液，没有骨头，但确实有一张嘴。除去身体成分的 95% 是水这件怪事外，与它有关的怪事还有很多——最大的水母可以长到 2 米以上的长度；有些水母长着用来杀戮的蜇刺触手；有些水母会成千上万地聚集在一起像云团一样游动；还有一些水母会吃鱼和螃蟹。

海星

海星偷偷地在海底寻找食物。如果它找到一只多汁的牡蛎或蜗牛，它会把自己的胃从嘴里推出来，然后直接用胃消化它们。海星没有脑子，所以别指望它有深刻的思想，但它有 5~50 只腕（在腕的末端长着眼睛）。如果被饥饿的捕食者咬掉一只腕，它还能长出一只新的。

我不想做海星，我想当明星！

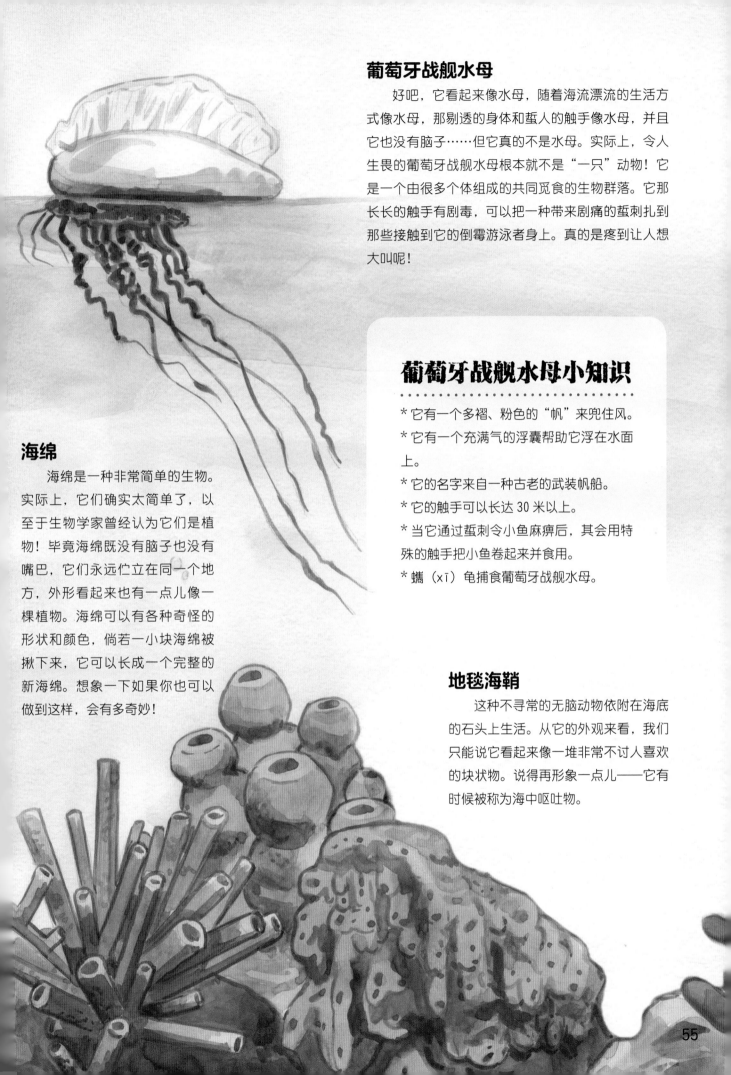

葡萄牙战舰水母

好吧，它看起来像水母，随着海流漂流的生活方式像水母，那剔透的身体和蜇人的触手像水母，并且它也没有脑子……但它真的不是水母。实际上，令人生畏的葡萄牙战舰水母根本就不是"一只"动物！它是一个由很多个体组成的共同觅食的生物群落。它那长长的触手有剧毒，可以把一种带来剧痛的蜇刺扎到那些接触到它的倒霉游泳者身上。真的是疼到让人想大叫呢！

葡萄牙战舰水母小知识

* 它有一个多褶、粉色的"帆"来兜住风。
* 它有一个充满气的浮囊帮助它浮在水面上。
* 它的名字来自一种古老的武装帆船。
* 它的触手可以长达 30 米以上。
* 当它通过蜇刺令小鱼麻痹后，其会用特殊的触手把小鱼卷起来并食用。
* 蠵（xī）龟捕食葡萄牙战舰水母。

海绵

海绵是一种非常简单的生物。实际上，它们确实太简单了，以至于生物学家曾经认为它们是植物！毕竟海绵既没有脑子也没有嘴巴，它们永远伫立在同一个地方，外形看起来也有一点儿像一棵植物。海绵可以有各种奇怪的形状和颜色，倘若一小块海绵被揪下来，它可以长成一个完整的新海绵。想象一下如果你也可以做到这样，会有多奇妙！

地毯海鞘

这种不寻常的无脑动物依附在海底的石头上生活。从它的外观来看，我们只能说它看起来像一堆非常不讨人喜欢的块状物。说得再形象一点儿——它有时候被称为海中呕吐物。

有黏液的生物

蛞蝓

　　蛞蝓在一层薄薄的黏液上移动。它分泌的黏液帮助它那无腿的身体四处移动、爬高，但这黏液还有其他功效。黏液可以保护蛞蝓不受捕食者攻击，也可以帮助蛞蝓彼此之间进行交流——对，蛞蝓可以"读取"黏液中的信息！蛞蝓也可以把自己裹在一坨黏液里悬挂起来，作为它快速逃跑的一种方法。

滑溜溜蛞蝓小知识

* 有些种类的蛞蝓拥有 20 000 多颗微小牙齿。
* 体形最大的蛞蝓可以长达 30 厘米。
* 大部分蛞蝓生活在避光的土地里。
* 蛞蝓的血液是绿色的。
* 澳大利亚红三角蛞蝓的黏液实在太黏了，可以把它的捕食者（如蛙类）粘在树枝上！

歌利亚虎鱼

　　包括歌利亚虎鱼在内的很多鱼类会把一层黏液"穿"在自己身上。这层滑溜溜的膜保护它们既不会得传染病，也不会被吸血寄生虫骚扰。这就是为什么抓住一条鱼是那么困难！

当一名忍者可不像我想得那么好玩。

蒲氏黏盲鳗

盲鳗是深海中使用不寻常黏液的专家。它看起来很像鳗鱼，但与鳗鱼不完全一样。一旦它发现在海床上有死去的海洋动物，就会用长长的、蛇一般的身体钻进它们的尸体里，然后把这些尸体里里外外吃个干净！

如果盲鳗被强大的鱼类（如鲨鱼）攻击，它们的身体就会分泌出大约1升的黏液。这黏液可以把鲨鱼的鳃黏住，令它窒息。如果鲨鱼不及时游走，就会反过来变成盲鳗的食物。

海蛞蝓

海蛞蝓是一种用明亮体色吓跑捕食者的海中"鼻涕虫"。它不仅用"毒术"来保护自己，还有着令人惊奇的获得毒物的方法：从猎物的身上"偷"来毒物。它最爱做的事情莫过于把一只新鲜路过的海蜇当午餐并偷走海蜇的毒刺。

海蛞蝓用特殊的蛞蝓黏液让自己不受毒刺伤害，然后机智地把这些毒刺存在自己的身体里，准备把毒刺射向任何路过的捕食者。它称得上是黏液杀手！

鹦嘴鱼

说鹦嘴鱼既古怪又恶心是有几个原因的。首先，它们的头看起来像鹦鹉，还长着像鸟喙的嘴。其次，它们可以把坚硬的珊瑚一块块地咬碎、吞下，这使它们拉出的粪便像沙子一样。最后，有些品种的鹦嘴鱼会为自己制造一顶"黏液帐篷"用来睡觉！这可以保护它们免受捕食者和吸血寄生虫的骚扰。

嘿，我觉得"鼻涕泡"这种户型还真不赖！

住在恶心"居所"里的生物

舌形虫

在地球上，几乎哪里都能看到虫子，甚至在驯鹿的鼻孔里！这种奇怪的虫子长着五张嘴，靠吃驯鹿的鼻涕为生，直到1987年才被人类发现。

舌形虫可以长到近12厘米长，但似乎并不会让驯鹿觉得很难受。驯鹿打喷嚏的时候，可以喷出40条这种扭动的虫子！

我错了，真不该让它打喷嚏。

蟑螂

人类每天都会制造出大量的垃圾，其中很大部分是残羹剩饭。这些厨余垃圾却是有些生物的美味佳肴。比如蟑螂，它就喜欢臭泔水。这些顽强的昆虫"拾荒者"住在垃圾填埋场里，吃任何可以找到的食物（翻到第28页，看看有哪些食腐动物）。

事实上，蟑螂是废物利用小能手，比如奶酪外皮、发霉面包和鱼尾巴等都可以被它们吃掉。在中国四川省一处叫作西昌的地方，有着全球最大的蟑螂养殖基地，那里的人们每天用成吨的食物垃圾饲养着60亿只蟑螂，这些蟑螂主要用于制药。

老鼠

老鼠是优秀的求生者，它几乎能在任何环境下生存。很多老鼠住在排水沟和下水道里，在这种两眼一抹黑的环境下它们依然可以走动。

老鼠对污水也不在乎。它还是游泳健将，为了寻找食物和居所，它可以蠕动着从厕所马桶里爬到房子里。因此，上完厕所盖好马桶盖很重要！

隐鱼

隐鱼体形细长，看起来像鳗鱼——这是用来钻进小洞穴的完美体形。

什么样的洞穴可以用来躲避捕食者呢？躲在海参的屁股里听起来是个不错的主意！是的，这种小鱼一辈子几乎都住在其他海洋生物的屁股里。实际上，曾经发现过多达16条隐鱼藏在同一只海参的肛门里。真是属于隐鱼的"便便之家"啊。

蛙类

大象是大型动物，因此它们拉出的粪便也是很大一堆。有多大呢？每天大象会拉50千克粪便！在斯里兰卡，有一些蛙类会找到这些巨大、黏滑的粪堆作为它们过日子的最佳居所。大象粪便有助于蛙类保持皮肤湿润，尽管臭，但为蛙类提供了一个绝佳的、可以躲避捕食者的避风港。

更恶心、更奇怪的动物

想知道我为什么这么做吗？就不告诉你！哈哈！

黑卷尾

黑卷尾主要生活在南亚，它们有时会落在蚂蚁巢穴上，让蚂蚁爬上它们的身体。

一些其他鸟类也会洗"蚂蚁浴"，但专家们还不能确切地解释为什么鸟类会做出这种行为。有些科学家认为鸟类是在利用蚂蚁分泌的酸性物质，帮助自己去除螨虫这类寄生虫。其他专家说，鸟类这么做是为了更容易吃到蚂蚁。到底是什么原因，目前为止还是一个谜！

绿鬣蜥

绿鬣蜥是一种生活在南美洲的大型蜥蜴，体长可达1.5米。它有一些便利的防御手段来对付鹰、猫、蛇等捕食者。绿鬣蜥的后背长着刺，它会对捕食者造成很大的麻烦。它还有一条沉重的尾巴，能向攻击者的脸上甩去。但如果这条尾巴被抓住了，它会直接断掉尾巴逃跑。它那条断掉的尾巴依然会扭来扭去来迷惑捕食者，而狡猾的绿鬣蜥会趁机逃走，再慢慢长出一条新尾巴。

储水蛙

蛙类喜欢水，但是澳大利亚储水蛙经常要面对一眼望不到头、炎热又干燥的夏天。因此，在雨季时储水蛙会把自己深深地埋在黏糊糊的泥巴里，在泥坑里蹲着。这一蹲，就是整整一年，直到土地足够湿润它才会离开。在土地中长埋的日子里，储水蛙可以把水存在自己的身体中，并生活在一个由旧皮肤和黏膜构成的泡泡里。晚些时候，它还会吃掉这个泡泡。要是你在泥里蹲上一年，你也会饿得吃泡泡的！

棕熊

棕熊不仅喜爱吃鱼，而且是捕捞鲑鱼的专家。在夏末的加拿大和美国的阿拉斯加，通常会有数量庞大的鲑鱼洄游到浅浅的河溪里产卵，因此当地的棕熊就有条件挑肥拣瘦了。棕熊只吃鱼最鲜美的部分，比如鲑鱼的脑子、卵和皮肤。

妈妈说了，大脑就是脂肪，我得让肚子变得更智慧！

蟾蜍

2005 年，德国某地的上百只蟾蜍突然不明原因地身亡——它们的肚子全都爆开了！前一分钟还在蹦来蹦去的蟾蜍，忽然肚子就爆开，肠子四处飞溅。

这些蟾蜍之所以爆裂而亡，是因为它们被狡猾的乌鸦啄走了肝脏。乌鸦很狡猾，它们啄破蟾蜍的肚皮，只为了掏吃里面的肝脏。因为伤口很小，蟾蜍的肚皮不久就会长好，可是失去肝脏令这些可怜的两栖动物的肚子越来越鼓，直到爆裂，只留下一个血淋淋的烂摊子。确实是太恶心！

我的最后一幕，谢谢大家来"砰"场……

蝎子

蝎子可不是好惹的。它的尾部长有毒刺，毒刺可以射出令猎物麻痹的毒液。

但是有一种特别的蝎子，它可以令尾部脱落，作为抵御捕食者的手段。在此之后发生的事情才是极为恶心的——尾部断掉意味着这只蝎子也同时失去了肛门，因此它不能排出粪便。但是它好像不记得自己的肛门不见了……于是随着它吃进食物，自己的身体会逐渐被粪便填满，直到死掉。这个死法真是好惨（就算死不了也挺惨的……）！

我十分想去上厕所！

61

你记住了多少？

1. 以下哪种晃晃悠悠的粉色生物会吃鲸的尸体？

a. 海猪

b. 葡萄牙战舰水母

c. 欧氏尖吻鲛

d. 亚洲羊头濑鱼

2. 以下哪种动物的臀部分泌的黏液曾被用来给冰激凌调味？

a. 麋鹿

b. 河狸

c. 恒河鳄

d. 负鼠

3. 当帝王角蜥被攻击时，它会做出以下哪种行为？

a. 呕吐

b. 喷射恶臭的液体

c. 爆炸

d. 从眼睛里喷出血液

4. 以下哪种动物喜欢在自己的呕吐物上打滚儿？

a. 疣猪

b. 暴风鹱

c. 老鼠

d. 斑鬣狗

5. 以下哪种动物曾经被看到从蟾蜍的屁股里活着钻出来？

a. 蛇

b. 蜻蜓

c. 绦虫

d. 粗皮渍螈

6. 牛椋鸟喜欢吃长颈鹿的什么？

a. 脚指甲

b. 鼻涕和耳屎

c. 毛发和角

d. 粪便

7. 以下哪种动物的宝宝会吃掉它们妈妈的尸体？

a. 蝎子

b. 螳螂

c. 猩猩

d. 猫头鹰

8. 以下哪种捕食者会把自己的猎物变成液体，然后把它喝掉？

a. 雪人蟹

b. 吸血蝠

c. 猎蝽

d. 六角甲虫

9. 绦虫是居住在宿主动物肠道内的寄生虫。它们最长可以长到多长？

a. 4 米

b. 18 米

c. 25 米

d. 97 米

10. 一只雄性驼鹿会如何吸引异性交配？

a. 在尸体上打滚儿

b. 放屁放出黄色气体

c. 在自己脚上拉屎

d. 向自己头上撒尿

答案见第 64 页

62

你记住了多少？

• •

1. 以下哪种生物在吸血的时候会把它的头深埋在受害者的皮肤下面？

a. 跳蚤

b. 蚊子

c. 蜱

d. 床虱

2. 蛲虫会从宿主的哪个身体部位钻出来？

a. 肛门

b. 嘴

c. 皮肤

d. 鼻子

3. 蚤蝇是蚂蚁的一种寄生虫。如果蚂蚁被蚤蝇幼虫寄生了，蚂蚁会变得怎样？

a. 它会多长出来几条腿

b. 它的头会掉

c. 它不能移动

d. 它跳到水里

4. 珠状草蛉如何让白蚁失去抵抗力？

a. 咬断白蚁的腿

b. 狠狠地蜇它

c. 给它催眠

d. 用有毒的屁熏晕它

5. 以下哪种生物没有头，没有脑子，没有骨头，也没有血液？

a. 鱿鱼

b. 海蜇

c. 海蛞蝓

d. 马陆

6. 以下哪个特征属于一种外表恶心的海洋"鼻涕虫"？

a. 裸露的鳃

b. 鼓起的脖子

c. 有黏液的头

d. 光溜溜的屁股

7. 乌鸦把蟾蜍的肝脏啄出来后，会发生什么？

a. 蟾蜍当场死掉

b. 蟾蜍瞎了

c. 蟾蜍会变成紫色

d. 蟾蜍过一段时间后会爆炸

8. 有些人会吃一种 25 厘米长的动物，是以下哪一种动物？

a. 金棒虫

b. 蜜瓜鱼

c. 香蕉蛞蝓

d. 柠檬虫

9. 以下哪种雄性动物会通过尝它配偶的尿来确定"她"是否准备好繁殖了？

a. 吼猴

b. 马鹿

c. 长颈鹿

d. 大熊猫

10. 雌性章鱼有时在交配后会对雄性章鱼做一件事情，是什么？

a. 揪断"他"的腕足

b. 戳"他"的眼睛

c. 偷走"他"的食物

d. 吃掉"他"

答案请见第 64 页

索引

B
白蚁 49, 53
斑鬣狗 21, 24
壁虎 15
粪便 / 便便 7, 14, 17, 25, 48 ~ 49, 50, 53, 59, 61
蝙蝠 7, 32, 35
变色龙 10
北极麝牛 47

C
草原犬鼠 27
蟾蜍 11, 23, 61
长颈鹿 47
臭獾 50
臭鼬 5, 35, 50
床虱 37

D
袋獾 28
袋熊 48
地毯海鞘 55
大熊猫 21, 25
大型猫科动物 15, 20 ~ 21, 26
大象 59

E
鳄 11, 22

F
蜂 42 ~ 44
负鼠 18

G
高原蠓 30
狗 14, 21, 35
龟 10

H
河狸 14
河马 53
海绵 55
海牛 53
海狮 23, 52
海参 17, 59
海星 54
海猪 13
豪猪 47
黑猩猩 25
猴 5, 7, 14, 31, 46
虎鲸 23

J
寄生虫 5, 21, 24, 30 ~ 45, 56 ~ 57, 60
甲虫 7, 17, 25, 28, 48
鲸 13, 17, 20, 23, 38 ~ 39, 46, 49, 53
卷尾 60

K
科莫多巨蜥 25
狂犬病 35
蛞蝓 13, 56 ~ 57

L
猎蝽 31
鹿 15, 22, 46 ~ 47, 58
老鼠 15, 17, 20 ~ 21, 31, 59
骆驼 16
绿鬣蜥 60

M
马陆 13, 51
蚂蚁 17, 31, 44 ~ 45, 60
螨虫 25, 41, 60

盲鳗 44, 57
猫 5, 7, 8, 20, 32, 35 ~ 36, 60

N
黏液 24, 46, 56 ~ 57
尿 14, 21, 33, 42, 46 ~ 47
鸟类 5, 8, 16, 17, 20, 23 ~ 24, 27, 29, 33, 39, 48, 49, 50, 51

O
呕吐 5, 16, 20, 21, 46, 51, 55

P
蜱 5, 34, 41
葡萄牙战舰水母 55

Q
企鹅 48
气味 5, 14, 17, 18, 19, 21, 46 ~ 53
蛆 17, 18, 28, 41, 45, 53
蠼螋 26

R
人类 4
蝾螈 23, 27

S
鲨鱼 9, 20 ~ 23, 37, 39
蛇 19, 22 ~ 23, 29, 31
食腐动物 5, 8, 24, 28, 58
水母 5, 54, 57
水蛭 36
虱子 30, 41, 45

T
绦虫 5, 38
螳螂 12, 27
跳蚤 36
秃鹫 5, 8, 24, 51
兔子 20, 25
同类相食 26 ~ 27
驼鹿 47

W
蛙 11, 19, 23, 33, 43, 59 ~ 60
蚊子 35

X
吸血动物 5, 30 ~ 37, 39, 41
蜥蜴 16, 25
象鼻海豹 6
蟹 13, 38
蝎子 61
熊 27, 61

Y
鸭 8, 19
鼹鼠 7
羊蜱蝇 39
蝇 20, 28, 30 ~ 31, 40 ~ 41, 45
疣猪 21
鱼 9, 29, 33, 37, 44, 45, 56 ~ 57, 59

Z
蟑螂 28, 43, 58
章鱼 27
蜘蛛 12, 18, 26, 31, 45
珠状草蛉 53

小测试答案

小测试 1: 1. a 2. b 3. d 4. d 5. a 6. b 7. b 8. c 9. c 10. d   小测试 2: 1. c 2. a 3. b 4. d 5. b 6. a 7. d 8. c 9. c 10. d